河岸动物
探秘

[英]北巡出版社 ◎ 编

张琨 ◎ 译

甘肃科学技术出版社

图书在版编目（CIP）数据

河岸动物探秘 / 英国北巡出版社编；张琨译 . --
兰州 : 甘肃科学技术出版社，2020.3
ISBN 978-7-5424-2747-2

Ⅰ . ①河… Ⅱ . ①英… ②张… Ⅲ . ①动物－儿童读
物 Ⅳ . ① Q95-49

中国版本图书馆 CIP 数据核字 (2020) 第 036561 号

河岸动物探秘

［英］北巡出版社　编

张琨　译

责任编辑　杨丽丽

出　版　甘肃科学技术出版社
社　址　兰州市读者大道 568 号　730030
网　址　www.gskejipress.com
电　话　0931-8125103（编辑部）0931-8773237（发行部）
京东官方旗舰店　https://mall.jd.com/index-655807.html

发　行　甘肃科学技术出版社　　印　刷　凯德印刷（天津）有限公司
开　本　889mm×1194mm　1/16　印　张　3　字　数　50 千
版　次　2020 年 10 月第 1 版　2020 年 10 月第 1 次印
刷书　号　ISBN 978-7-5424-2747-2
定　价　48.00 元

目录

河岸动物探秘

它们是谁？

河岸动物生活在河流和山涧旁。它们中的许多动物都喜欢生活在淡水里或淡水水域旁，如池塘和湖泊。它们并不是纯粹的水生动物，水生动物总是生活在水里，而河岸动物既能生活在水中，也能生活在陆地上。

河岸居民

几乎所有在森林中生活的动物，当它们口渴或者需要洗澡的时候，都会光顾河流或者其他的水体。不过有些动物可不仅是光顾而已——它们会在河岸或者河水中长时间停留。这些动物或者体形很大，比如鳄鱼和河马；或者体形很小，如河狸、水獭和水貂。有些河岸动物完全无害，而有些却极其危险。

▶ 在世界有些地方，鳄鱼是常见的河岸居民。

河岸小动物

　　许多鸟类主要以鱼为食。像翠鸟和苍鹭，常在河流和溪流附近被发现。人们也会看到许多蠕虫和小昆虫在河流里或河流附近活动，比如经常可见的蚯蚓和水蛭。河岸上还生活着其他一些不寻常的动物，如澳大利亚本土的鸭嘴兽。河岸上还生活着各种各样的蛇，尽管它们的大部分时间都生活在水里。这些蛇有的有毒，有的却全然无毒无害。

体形较大的河岸动物

　　河马是一种体形巨大的动物，生活在非洲的河岸。这种庞然大物虽然是食草动物，却极为危险。如果感觉自己的领地有危险，雄性河马就会向一切威胁者发起攻击，包括人类。尽管它们体形庞大，但它们在陆地上奔跑时却速度惊人，在水中活动也非常敏捷。

特殊适应性

生活在河岸的许多动物都会在水中度过大量时间，因而它们的身体也以特殊的方式来帮助它们适应这种生活。

大的适应性

像河马这样的动物具备特殊的身体适应性，这使它们既能在陆地上生活，也能在水中生活。它们在陆地上看似非常笨拙，但到了水中却十分灵活，因为它们巨大的体重能使其沉到水底，沿着河床行走或奔跑。

像鳄鱼这样的动物，它们的眼睛和鼻子都长在头盖骨上方。它们还有第三只眼睑——一层清晰的隔膜，能够在游泳的时候保护它们的眼睛。它们的咽喉后面还拥有一个阀门，能防止它们在游泳的时候吞咽河水。

小的适应性

像水獭、河狸和鸭嘴兽这些体形稍小的动物，拥有能够帮助自己在陆地上生活的身体器官，同时也会游泳。河狸和水獭的蹼能帮助它们游泳，尾巴则能帮助它们在陆地上保持平衡。当身处水下时，河狸、水獭的眼睛和鼻子都能够关闭。鸭嘴兽有三层皮毛，这能够帮助它们适应水下的生活。里面的两层皮毛能让它们在冷水中保持身体温暖，而外层的皮毛则能帮助它们发现食物和其他周边物体。

▼ 经过进化，鳄鱼的鼻孔、眼睛和耳朵都长到了头顶上，因而即使身体的其他部分在水面之下，它仍然能听、看、闻和呼吸。

▶ 蝾螈色彩鲜艳，是生活
在河岸的半水生动物。

爬行动物的适应性

　　有些爬行动物，比如巨蜥和鬣蜥，也很好地适应了水中生活。巨蜥可以长时间潜伏在水中，只通过鼻孔呼吸，它的鼻孔就在长鼻子旁边。绿鬣蜥在休息的时候，能够在树上做好伪装。但是，一旦它感受到危险，就会跳进水里，游到安全的地方。尽管蝾螈长得有点像蜥蜴，但它却是一种两栖动物，它有着天鹅绒般的皮肤，在陆地上能够吸收水分，用来保持皮肤的柔软。

▶ 绿鬣蜥是伪装大师，能在树上藏身。

河 马

河马是一种体形巨大的蓝灰色动物，生活在河岸。"河马"的名字来自希腊语词汇"*hippos*"和"*potamus*"，意思分别是"河"和"马"。

大河马

雄性河马的体重可达3 200千克，体长3.35米。雌性河马的体重一般不超过1 500千克，体长也较短。成年雄河马仅皮肤就重达1 000千克。实际上，它们的皮肤非常厚，连来复枪的子弹都无法击穿。雄性河马一生都在生长，而雌性河马到了25岁就停止生长了。大量河马生活在非洲的河流两岸，尤其是苏丹、乌干达、肯尼亚、刚果共和国和埃塞俄比亚等国家。

饥饿的河马

河马一天大部分时间待在水里，它们通常会在傍晚时来到陆地上吃晚餐。成年河马一个晚上就能吃掉68千克的草，每次进食需要4~5个小时。它们喜群居，河马群通常约有40只河马，它们一起生活，一起行动。沉入水下时，成年河马通常每隔3~5分钟就会把头露到水面上呼吸一次。当河马在水下睡觉时，它甚至都不用醒来就能抬头呼吸。

▼ 河马是群居动物，它们通常成群出现。

鳄鱼对阵河马

河马对鳄鱼有着很强的攻击性，尤其是当身边有小河马的时候。由于河马主要吃生长在河岸的高高的草，因此它们的颌和牙齿强劲有力，能够很好地保护自己。河马身上厚厚的皮肤也使鳄鱼在发动攻击时很难紧咬住它们。

动物档案

河马

体　　长：3 ~ 5 米

体　　重：1 300 ~ 2 000 千克

寿　　命：40 ~ 50 年

威　　胁：鳄鱼、狮子和鬣狗

保护现状：易危

估计数量：125 000 ~ 150 000 头

鳄 鱼

鳄鱼杀害的人类比地球上其他任何动物杀害的都多。它们具有攻击性，非常危险。我们所说的鳄鱼，通常是指短吻鳄、凯门鳄和印度鳄。

巨大的心脏

鳄鱼是地球上最高等的爬行动物，因为它们拥有由四个心房组成的心脏。大多数鳄鱼生活在缓缓流动的水域、河流两岸、池塘、湖泊或者沼泽地。少数鳄鱼甚至可以在咸水中生存。鳄鱼的体形大小不一，体长从1.5米到6米不等。最小的鳄鱼是侏儒鳄，而咸水鳄的体形最大。

不同物种

全世界温暖的地区都有鳄鱼出没。除了中国的短吻鳄，大多数短吻鳄都生活在美国的沼泽地里。凯门鳄和短吻鳄很相像，但体形较小，身材矮胖。它们的体长范围在1.5～2.7米。凯门鳄有6个亚种，最常见的是眼镜凯门鳄，它们主要分布在亚马孙河流域。印度鳄生活在印度次大陆上。

◀ 鳄鱼有强有力的颌，用以袭击猎物。

凶残的捕猎者

鳄鱼有着流线型的身体，这有助于它们在水中快速移动。它们的眼睛长在头顶上，即使它们潜伏在水中，也能发现猎物。鳄鱼强大的颌和爪子能帮助它们轻松地抓住猎物。这些凶猛的捕食者以鱼类、青蛙、鸟类和哺乳动物为食。众所周知，大型鳄鱼甚至会对老虎、狮子和鲨鱼发起攻击。咸水鳄和尼罗鳄对生活在亚洲和非洲的人类构成了真正的危险。

动物档案

尼罗鳄

体　　长：2～6米

体　　重：225～1090千克

寿　　命：70～100年

威　　胁：大型猫科动物

保护状况：低危

估计数量：数十万条

▶ 鳄鱼的流线型身体使它游得更快。

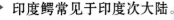

▶ 印度鳄常见于印度次大陆。

水　獭

　　水獭是小型半水生哺乳动物，常见于美国和加拿大的河流和溪涧。它们是一种多才多艺的动物，在陆地上和在水中一样舒适。

它们的长相如何?

　　水獭体长可达1.5米，重可达11千克。它们有流线型的身体和蹼，非常适合游泳。因为它们的适应性很强，能以11千米每小时的速度游泳，在陆地上，又能以29千米每小时的速度奔跑。水獭具有天生的领地意识，总在河岸上标出自己的领地。它们彼此之间用钻石形的鼻子进行沟通。

▲ 在美国和加拿大的大部分地区都可以看到水獭。

爱吃鱼

　　水獭非常喜欢吃鱼，但也吃青蛙、爬行动物、鸟类和昆虫。它们每天的大部分时间都在寻找食物，并且在吃掉猎物之前通常先要玩弄一番。水獭的胡须很敏感，能帮它们感知到周边是否有猎物。不过，它们捕鱼的成功率很低;虽然它们是游泳健将，但大多数鱼比它们游得更好!

▲ 一只水獭正在享用美餐。

水獭的威胁

　　水獭在水中并没有很多天敌。但在陆地上，狐狸和狼却常给它们带来危险。人类也是一种威胁。水獭经常被困在为河狸布置的陷阱中，在一些国家，它们也会因为身上的皮毛而被猎杀。此外，农药和其他化学物质也会污染水獭的栖息地。

▶ 水獭必须小心谨慎，它们常对大自然的危险保持高度警觉。

河　狸

河狸是非常有用的小动物。它们能通过修建水坝改变全部景观。

▲ 河狸的皮毛润泽光亮，它是一种健壮的动物。

身体特征

河狸生活在河流、溪流或其他淡水体附近，是一种温和而聪明的动物。它们体长70~100厘米，尾巴要再加上30~40厘米。河狸的体重在25千克左右。它和水獭一样，长着蹼，能游得很快。如果河狸害怕，它会用无毛的尾巴拍打水面。河狸通过其肛门腺体分泌出的河狸香具有药用价值。

食物和栖息地

河狸吃灌木、草、蕨类植物和水生植物，也吃白杨、橡树、桦树、柳树、桤木和花楸，还喜欢吃树皮以及树皮下面的组织。它们很少离开水域100米以外，通常会在距离水边10米以内的范围寻找食物。欧洲河狸遍布欧洲和北亚。在北美和加拿大的许多地方，都能见到美国河狸的身影。

▼ 河狸通常吃草和各种树皮。

建造家园

欧洲河狸会在河岸及河岸附近挖洞。众所周知，它们也会收集原木，建造横跨水体之间的水坝。这些水坝有助于提升地下水位，已知的水坝长达652米，高4米。但是，河狸建造的水坝也可能造成洪水，这不仅危险，还可能造成财产损失。河狸建造水坝是为了防御狼和熊这样的天敌。

动物档案	
欧洲河狸	
体　　长：	70~100厘米
体　　重：	10~30千克
寿　　命：	12~20年
威　　胁：	狼、熊和人类
食　　物：	食草
保护现状：	低危

▼ 欧洲河狸比美洲河狸建造的水坝少些。

水　貂

1929年，美洲水貂被带到了英格兰。英国人要用貂皮来制作服装，于是开始养殖它们。

▼ 水貂并非水中猎手，它们很少吃鱼。

两种水貂

美洲水貂与欧洲水貂截然不同。美洲水貂更为常见，在欧洲和美洲均有发现，但欧洲水貂仅出现在欧洲。美洲水貂的体长通常在51～60厘米（不包括尾巴，尾巴的长度可达23厘米）。这些水貂在野外通常是棕色的，但农场养殖的水貂可能会有其他颜色。美洲水貂经常出没于水边，它们不会远离河流、溪涧、湖泊或沼泽地。它们通常具有很强的领地意识，如果有外来者入侵领地，它们就会显示出很强的攻击性。

▶ 水貂生活在河流沿岸的巢穴中，
或是沼泽地边缘。

食物和栖息地

在英格兰、威尔士和苏格兰的大部分地区都发现了美洲水貂。它们会选择在3 000～5 000米长的水域旁安家。在苏格兰的一些地方，它们会临海而居。在阿拉斯加、加拿大和美国的部分地区也发现了美洲水貂的身影。水貂一旦发现并在它的领地安了家，就会造一个巢穴，有时会去偷个鸟巢安家。美洲水貂抓到什么猎物就吃什么，例如兔子、老鼠、田鼠、松鼠、鸟和鱼。

孤独的水貂

水貂喜欢独居，它们只在必要的时候才与其他水貂混居在一起。不过，当一只雌水貂闯入了雄水貂的领地时，雄水貂不太可能与雌水貂发生争斗。水貂在夜间活跃，而且不会冬眠。它们也有许多天敌，包括郊狼、赤狐、狼和猫头鹰。

动物档案

美洲水貂

体　　长：31～45 厘米

体　　重：400～1580 克

寿　　命：10～12 年

威　　胁：狐狸、狼和大型猫科动物

食　　物：小型哺乳动物、鸟类和鱼类

保护现状：低危

▶ 美洲水貂身形纤细，有着光泽的深色皮毛。

龟

　　海龟、陆龟和水龟都属于最古老的爬行动物，生活在世界大部分地区的河岸和沼泽地中。

阿丹森泥龟

　　人们经常能在尼罗河上游河岸发现阿丹森泥龟。在整个非洲大草原上，大多数水洞附近也都能发现阿丹森泥龟。小龟光滑的外壳能长到18.5厘米长。这种肉食龟以各种昆虫、贝类、鱼类、两栖动物、小型爬行动物、鸟类和哺乳动物为食。当它怀孕的时候，随着宝宝的生长，蛋壳也会膨胀起来。

红头河龟

　　红头河龟生活在南美洲的哥伦比亚、委内瑞拉和巴西等地，它有着椭圆形的龟壳，平均长度可达32厘米。这种动物喜欢生活在流动缓慢的河流和溪涧，也常出现在能遮住河岸的树荫下，周边有不少杂物。这种杂食性龟主要以水生植物和落地的水果为食，有时也会吃小鱼。

▼ 人们通过它宽阔的头部辨认阿丹森泥龟。

◀ 红头半水栖龟也称为红耳滑龟，它的体长只有30厘米左右，而水生棱皮龟体长可达3米。

巨蛇颈龟

动物档案

巨蛇颈龟

体　　长：	18～28厘米
体　　重：	0.5～0.8千克
寿　　命：	约30年
威　　胁：	狐狸、蜥蜴和老鼠
食　　物：	昆虫、蠕虫、青蛙和鱼类
保护现状：	低危

这种乌龟常见于澳大利亚东部和部分南部地区，它们生活在流动缓慢的河流、溪流、沼泽和泻湖附近。它们也能在陆地上长途跋涉，尤其是当较小的溪流和沼泽已经干涸，它们要去寻找更大的河流时。在澳大利亚南部，这种龟整个冬天都在冬眠，而且通常是成群结队地冬眠。雌龟在河岸上挖深洞产卵。巨蛇颈龟是肉食动物，吃昆虫、贝类、鱼类和藻类。当它们感受到威胁时，就会退缩到深褐色的椭圆形龟壳中。

▼ 当感觉到危险时，巨蛇颈龟会发出难闻的气味，并能改变龟壳的颜色。

水田鼠有着深色的毛茸茸的身体、短胖的脸和毛茸茸的长尾巴。

水田鼠

　　水田鼠生活在水边，整天都喜欢吃东西。像许多其他河岸动物一样，它们具有很强的领地意识。

栖息地

　　在欧洲许多地方都能见到水田鼠。它们也出没于俄罗斯、加拿大和美国的部分地区。在有些国家，它们被视为有害的，而在俄罗斯，水田鼠则因其毛皮而被猎杀。水田鼠会在河岸上挖洞，这些洞穴的入口可能在陆地上，也可能在水下。在英国，水田鼠的数量比任何其他哺乳动物的数量下降得都快。

食物和其他习惯

　　水田鼠吃生长在河边的植物，而且不会离开水域太远。它们吃草、树枝、植物的根，也吃落地的水果。当食物丰富时，水田鼠就可能真正有害：大量的水田鼠能在短短几个小时之内把整片农田洗劫一空！水田鼠的后爪很大，游泳时就像蹼一般。它们的毛皮能够保护身体不受冷水的侵害。

有本事抓我啊！

水田鼠在野外有许多天敌，尤其要小心苍鹭、猫头鹰、水貂和水獭这几种动物。如果捕食者在水下追逐水田鼠，水田鼠就会立即把泥浆踢入捕食者的眼睛里，使捕食者暂时什么都看不见。它们会在泥浆沉淀下来之前逃之夭夭。

▲ 水田鼠主要吃草和其他植物。

动物档案

水田鼠

体　　长：	14～22厘米	
体　　重：	112～386克	
寿　　命：	5个月～2年	
天　　敌：	苍鹭、猫头鹰、水貂和水獭	
威　　胁：	人类和污染	
食　　物：	食草	
保护现状：	低危	
预计数量：	不足100 000只	

麝鼠的防水皮毛在游泳时会呈流线型，而它的尾巴则像舵一般。

更多啮齿动物

除了水田鼠，还有些其他啮齿类动物也把家安在了水域附近。

麝鼠

麝鼠是一种大型半水生啮齿动物，主要分布在北美洲。它们厚厚的毛皮柔滑，呈深褐色，能覆盖它们肥胖的身体。麝鼠得名于两种特殊的麝香腺，能产生黄色麝香味的物质。它们以此来标记路线和领地，也是一种沟通方式。麝鼠既是优秀的游泳运动员，也是潜水员，可以很轻松地长距离游泳。

河狸鼠

河狸鼠是比河狸小的啮齿动物，与麝鼠相似。它们特别适应陆地和水里的生活，且生活在这些构造复杂的洞穴中，洞中会有几条隧道和不同层次的入口。这些地方分别用于休息、储存食物和躲避天敌。最初，河狸鼠只生活在南美洲。20世纪30年代，它们被进口到路易斯安那州，人们开始养殖河狸鼠以获得皮毛。

▲ 河狸鼠，也被称为"海狸鼠"，在五大洲都有发现，但大洋洲和南极洲没有。

动物档案

水豚

体	长：	1～1.3 米
体	重：	35～66 千克
寿	命：	8～10 年
威	胁：	美洲虎和凯门鳄
食	物：	食草
保护现状：		低危

水豚

南美洲水豚是世界上最大的啮齿动物。它们身材健壮，穿着红色的皮毛外套。虽然它们在陆地上显得非常笨拙，但却是出色的游泳健将和潜水员。它们能长时间待在水下，必要时也可以睡在河床上。通常10～30只水豚聚在一起过群居生活，而且它们具有极强的领地意识，会攻击巢穴周围的任何外来者。

▲ 水豚的前腿要比后腿短，脚上微微带有蹼。

▲ 在靠近水边的树枝上常常可以见到女王蛇。

水　蛇

多种水蛇生活在河岸附近。

女王蛇

　　女王蛇无毒，生活在美国纽约州的西部以及威斯康星州、亚拉巴马州、佛罗里达州和俄亥俄州的部分地区。这种蛇生活在浅沼泽地区，毗邻湍急的溪流和河流，主要以淡水中新鲜蜕皮的小龙虾为食。女王蛇生活在靠近水的树枝或树根上，它们的颜色从橄榄色到灰色，再到棕色不一，腹部延伸着桃色的条纹。女王蛇幼年时身上还有其他斑纹，但随着蜕皮，这些条纹也逐渐褪去了。

北方水蛇

　　在俄亥俄州有大量的北方水蛇，它们是无毒蛇。在河流附近的低树枝和原木上就能找到这种蛇，在受到攻击或感受到威胁时，它们通常会默默地进入水中。北方水蛇的颜色为红棕色，头部后面有深色的交叉色带。在成长的过程中，北方水蛇的颜色往往会越变越深，最后几乎变成黑色。北方水蛇腹部的颜色也各不相同，可以是白色、黄色或者灰色。它们吃蝾螈、小鱼、小乌龟、螃蟹甚至小型的哺乳动物。

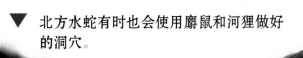

北方水蛇有时也会使用麝鼠和河狸做好的洞穴。

剧毒

　　棉口蛇，通常被称为水腹蛇，有剧毒，生活在美国。常见的有三个主要品种：西部棉口蛇、东部棉口蛇和佛罗里达棉口蛇。这些蛇的身体非常粗壮，头部巨大，尾巴短。它们通常颜色很深，是河岸附近常见的半水生蛇。众所周知，这些蛇非常具有攻击性，如果受到威胁就会发起攻击。棉口蛇得名于它嘴巴里的白色条纹，当它感觉到危险时就会暴露出来。

动物档案

棉口蛇

体　　长：	60～90厘米	
体　　重：	200～580克	
寿　　命：	10～20年	
威　　胁：	短吻鳄和猛禽	
食　　物：	青蛙、鱼、鸟类和小动物	
保护现状：	低危	

▲ 棉口蛇游泳时会掠过水面，而不像其他水蛇一样在水下游泳。

蝾螈

蝾螈属于蝾螈科动物。它们被归类为两栖动物，体形小，颜色鲜艳。

随处可见的蝾螈

蝾螈遍布北美洲、欧洲和亚洲。实际上，它们从夏季到冬季都在陆地上生活，只有春季才进入水中产卵。它们天生爱在夜间活动，每周蜕皮一次。它们在陆地上时，以昆虫、蠕虫和虾为食，在水中时则以水蜗牛为食。蝾螈呈浅棕色或橄榄绿色，背部有两条深色条纹。

冠欧螈

冠欧螈是英国最大的一种蝾螈。雄性冠欧螈区别于雌性冠欧螈之处在于，它们的背部有锯齿状的背鳍，尾巴上有银灰色的条纹。当蝾螈在陆地上平躺时，雄性冠欧螈的背鳍在繁殖季节尤为明显。雌性冠欧螈没有背鳍，但它们的尾巴边缘有黄色条纹。这种蝾螈在英国已濒临灭绝。

▼ 冠欧螈在英国正逐步走向灭绝。

▲ 雄蝾螈和雌蝾螈腹部都有颜色，雌蝾螈腹部有深色的斑点。

动物档案

绿红东美蝾

体　　长：2.9 ~ 5.1 厘米

体　　重：约10克

寿　　命：12 ~ 15 年

威　　胁：鱼类、爬行动物、大型两栖动物和哺乳动物

食　　物：昆虫、蜗牛和螃蟹

保护现状：低危

绿红东美蝾

绿红东美蝾，也被称为东部蝾螈，生活在北美东部的部分地区。它们的生命分三个阶段：它们出生在水中，随后在陆地上度过生命中大部分时间，再回到水中产卵和繁殖。然而，水生的成年绿红东美蝾并没有鳃，而是靠肺呼吸。这种蝾螈的背部有镶着黑边儿的红色斑点。

▼ 绿红东美蝾的皮肤在感觉受到威胁或攻击时会分泌有毒物质。

鸭嘴兽

鸭嘴兽是澳大利亚特有的一种河岸动物。它是世界上仅有的两种卵生哺乳动物之一。

游泳高手

鸭嘴兽生活在澳大利亚东部的湖泊和河流附近。它们在河岸上的洞穴里安家，大部分时间都在水里度过，并有蹼帮助它们游泳。游泳的时候，它们宽阔的尾巴不仅能推动身体前进、控制方向，还能帮鸭嘴兽在水下潜水。鸭嘴兽有着流线型的身体，能在水下捕食——它们可以在水下停留长达10分钟才换气。构成蹼的多余皮肤可以折回，帮助鸭嘴兽在陆地上行走。

饮食习惯

鸭嘴兽是独居动物，只在夜间进食。它们在河岸上寻找水生幼虫、虾和各种各样的蠕虫，用腮帮子把捕获的食物安全存储起来，只有回到洞穴才会吃一次。鸭嘴兽的嘴上有电感受器，能帮助它们定位食物。它们一晚上能吃和自身体重一样多的食物！

▶ 鸭嘴兽平均每天花12个小时寻找食物。

准备就绪的鸭嘴兽

鸭嘴兽有件毛茸茸的外套，由三个不同层次组成。第一层用来保温，第二层可以绝缘，第三层也是最外层，能帮助它们检测到附近的物体。鸭嘴兽扁平而又毛茸茸的尾巴能够储存脂肪，帮助它们在冬季冰冷的水中游泳。雄性鸭嘴兽的腿上有有毒的腺体，可以保护它们免受捕食者的伤害。一旦受到攻击，那种毒素对小型哺乳动物来说可能是致命的。

动物档案

鸭嘴兽

体　长	：	43 ~ 50 厘米
体　重	：	0.7 ~ 2.4 千克
寿　命	：	10 ~ 15 年
威　胁	：	鱼类、爬行动物、大型两栖动物和哺乳动物
食　物	：	贝类、昆虫、幼虫和蠕虫
保护现状	：	低危
估计数量	：	10 000 ~ 100 000 只

▼ 鸭嘴兽的蹼和突出的鼻子使它看起来像鸭子。

河岸鸟类

人们在世界各地的河岸上会看到各种鸟类。它们把大部分的时间都花在觅食上。

▼ 大鸬鹚在北美洲分布甚广。

鸬鹚

鸬鹚属于食鱼家族，在世界各地的淡水和海水岸边都有发现。它们的身材和长长的脖子成为突出的特点。这种鸟类身上并没有其他海鸟的防水油脂，经常能看到它们在水中待过一段时间之后上岸晾干翅膀。这些鸟类生活在聚居地，用棍棒和垃圾材料为自己筑巢。

苍鹭

在世界各地的河岸上都会发现苍鹭这种大型涉水鸟。它们独自捕食，会长时间跟踪猎物，然后用长而粗糙的锯齿状的喙刺伤猎物。苍鹭生活在被称为苍鹭营巢地的大型聚居地中，它们在河岸上发现的沼泽芦苇丛中筑巢。这些鸟类遍布多个大陆，但主要分布在阿拉斯加海岸、加拿大、美国和墨西哥的部分地区。

◀ 大蓝鹭的颜色是灰蓝色的，眼睛上有黑色条纹。

鹈鹕

　　鹈鹕是大型水鸟，主要分布在世界上较为温暖的地区，以大喙而闻名。鹈鹕通过大喙把水挤出来，然后吃掉捕获的鱼类。它们体形巨大，是体重非常重的鸟类，澳大利亚鹈鹕拥有世界上最大的喙。虽然鹈鹕主要吃鱼，但它们也吃其他的水生动物，如蝌蚪和乌龟。

动物档案

澳大利亚鹈鹕

体　　长	：	1.5～1.8米
体　　重	：	4～13千克
寿　　命	：	15～25年
威　　胁	：	大型猫科动物
食　　物	：	螃蟹、鱼和乌龟
保护现状	：	低危

◀ 当没有足够的鱼时，鹈鹕有时会吃小海鸥和小鸭。

更多的河岸鸟类

在世界各地的河岸两侧还有许多其他鸟类，它们通常以鱼类和其他水生物为食。

麻鳽

麻鳽是苍鹭的近亲，但它的腿、颈和喙都比苍鹭短。它们行踪非常隐秘，常在芦苇中默默地寻找鱼类。麻鳽的羽毛为深棕色，在棕色的芦苇丛中，这种伪装色能保护它们免受天敌的伤害。如果它们觉得自己在被监视，就会一动不动地藏身在芦苇丛中，喙指向上方。这些鸟儿在黎明和黄昏时最为活跃。它们生活在英格兰东南部，尽管冬季它们会迁徙到较温暖的地区。麻鳽以小鱼、鳗鱼、青蛙和田鼠为食。

▲ 雄性绿头鸭的头部是绿色的，白色的羽毛将身上的蓝色斑点勾勒出来。

▶ 美国麻鳽是一种大型的棕色鸟类，黄昏时最为活跃。

绿头鸭

绿头鸭是北美洲、欧洲、亚洲和澳大利亚常见的鸭子。人们常在缓慢流动的河流、水池、沼泽地和湖泊附近发现大群的绿头鸭。绿头鸭以种子、浆果、植物、昆虫、软体动物、小鱼、蝌蚪、鱼卵和贝类为食。除非为了躲避天敌，绿头鸭通常都在水面进食，很少会潜入水下。雄性绿头鸭的颜色鲜艳，喙是黄色的，而雌性绿头鸭则是浅棕色的。

翠鸟

翠鸟种类繁多，它们大多数都身材娇小，颜色鲜艳，尾巴短，有个不成比例的大脑袋和长长的嘴。翠鸟以淡水鱼为食，也吃软体动物、水虫和蝌蚪。这些鸟大部分时间都栖息在靠近水边的树上。它们潜入水中捕鱼，然后立刻回到树枝上把鱼吃掉。翠鸟住在靠近缓慢流动的水边的洞穴里。

▼大鱼狗是世界上最大的翠鸟，生活在撒哈拉以南的非洲。

动物档案

大鱼狗

体　　长：42～48 厘米

体　　重：255～426 克

寿　　命：1～10 年

威　　胁：大型猫科动物

食　　物：螃蟹、鱼和青蛙

保护现状：低危

丰富的爬行动物

除了哺乳动物，还有许多爬行动物也以河岸为家。

绿鬣蜥

绿鬣蜥遍布在中美洲、南美洲以及加勒比海的部分岛屿上。它们有柔软的鳞片，背上有一排突出的刺。由于身上有个肉垂般的大型喉囊，所以它们很容易辨认。绿鬣蜥主要生活在湖泊或河流附近的雨林中。

◀ 在森林中不同的水果、花朵和叶子上，都能发现绿鬣蜥的踪影。

水龙

　　泰国水龙也被称为亚洲水龙。这种爬行动物生活在淡水湖和溪流沿岸的树林之中。它们是独居生物，主要以昆虫为食，通常在白天最为活跃。泰国水龙全身为绿色，背部有蓝绿色的条纹。它们的尾巴强壮，有助于保持身体平衡，在游泳时则可以推着身体前行。这类蜥蜴原产于泰国、马来西亚、老挝、柬埔寨、越南、印度尼西亚、中国南部和印度的部分地区。

水巨蜥

　　水巨蜥是另一群不同的蜥蜴。它们生活在世界各地的大河、红树林和河口岸边。这些爬行动物的体长可以长达2.5米。亚洲水巨蜥是世界上最大的蜥蜴之一，体长仅次于科莫多巨蜥。它们拥有非常灵敏的嗅觉，就像蛇一样，用舌头闻周围的气味。水巨蜥是游泳健将，可以长时间在水下屏住呼吸。它们以螃蟹、青蛙和小鱼为食。

▼水巨蜥捕食小型哺乳动物和鸟类。

▲ 像许多其他蜥蜴一样，水龙的头顶上长着第三只眼睛。

动物档案

亚洲水巨蜥

体　　长：1～3米

体　　重：20～30千克

寿　　命：10～20年

威　　胁：昆虫、鱼类、啮齿动物、鸟类和青蛙

保护现状：无危

33

青　蛙

青蛙是最常见的河岸两栖动物之一，它们遍布世界各地。

陆地和水中

除了南极洲，世界上几乎所有地区都有青蛙。它们通常都生活在靠近水的地方，但是，也有一些青蛙从不靠近水，而只生活在陆地和树上！青蛙体形小而健壮，是一种没有尾巴的两栖动物。几乎所有青蛙都有长长的后腿和较短的前腿，这有助于它们长距离跳跃。青蛙还长着黏糊糊的长舌头，舌头移动迅速，能够捕捉到果蝇和苍蝇这样的猎物。大多数青蛙都是绿色的，但部分青蛙身上有彩色斑纹。

摸上去冰冰凉

和所有两栖动物一样，青蛙是冷血动物。它们的体内温度与体外温度相同，因此大多数青蛙会在冬季冬眠。它们的皮肤有吸收水分的功能。青蛙通常生活在河流、池塘或沼泽地附近的洞穴中，只在产卵时才进入水中。临水而居能使青蛙的皮肤保持湿润。

▼ 青蛙皮肤的纹理各有不同，有的皮肤光滑，有的皮肤多疣，还有的皮肤上有褶皱。

吃和跳

青蛙以昆虫、小型哺乳动物、鸟类、蜗牛甚至其他体形更小的青蛙为食。它们并不善战，但非常擅长躲避捕食者。强壮的后腿帮助它们在感到危险时跳到安全的地方，表皮的颜色和纹理有助于它们与周围环境融为一体。有些青蛙还带有毒素，用以杀死猎物或阻止捕食者。部分青蛙在头顶的眼睛后面还有毒腺。有些青蛙，如箭毒蛙，是含有剧毒的。

▶ 主要生活在水中的青蛙拥有更显眼的网状脚趾。

▲ 箭毒蛙鲜艳的颜色会阻止捕食者。

动物档案

迷彩箭毒蛙

体　　长：2.5 ~ 4 厘米

体　　重：约28克

寿　　命：4 ~ 10 年

威　　胁：人类

食　　物：蜘蛛和昆虫

保护现状：低危

蜻 蜓

蜻蜓已经存在了3亿年左右，这意味着它们是现存最早的有翼昆虫。它们已经进化成为优秀的飞行者和捕食者，尽管翼展并没有它们身形巨大的前辈那么大！世界上有几千种蜻蜓，每种蜻蜓的翅膀都有不同的图案。

空中的蜻蜓

蜻蜓以其专业的飞行能力而闻名。它们长着大大的复眼，相当于眼睛中有大约30 000个镜片，使它们能朝各个方向看。蜻蜓的四个翅膀还可以独立移动，所以它们可以向上、向下和向后移动，还能在慢动作中盘旋甚至飞翔。飞行中的蜻蜓可以达到每小时30千米的出色速度。

沿河而下

蜻蜓更喜欢临水而居，因为繁殖时，雌蜻蜓会将卵产在水面上。一旦蛹被孵化，就会经历幼虫阶段，这时它完全在水中生活。这段时间可以持续长达2年，当蜻蜓最终离开水面开始飞行时，它们通常只能再活一个月！

▲ 蜻蜓是控制蚊子数量的行家里手，它们可以在一天之内吃掉数百只蚊子！

▶ 蜻蜓喜欢生活在温暖的环境中，它们需要在阳光下让自己暖和起来，才能飞上一整天。

动物档案

蜻蜓

体　　长：2.5～10厘米

体　　重：约3克

寿　　命：成虫期仅数周

威　　胁：猎鹰、苍鹭、青蛙、黄蜂和鱼

保护现状：低危

小而强大

蜻蜓算是小昆虫，但它却是极具天赋的捕食者。为了抓住猎物，蜻蜓会用腿做出一个篮筐的形状，然后猛扑下来发起攻击。它们是高效的捕食者，很少无功而返！许多种类的昆虫都是蜻蜓的美味佳肴，比如蝉和苍蝇。事实上，有时它们甚至会吃其他体形更小的蜻蜓。

易危物种

不同种类的河岸动物都受到来自人类的威胁。如果不及时采取适当行动，它们可能会灭绝。

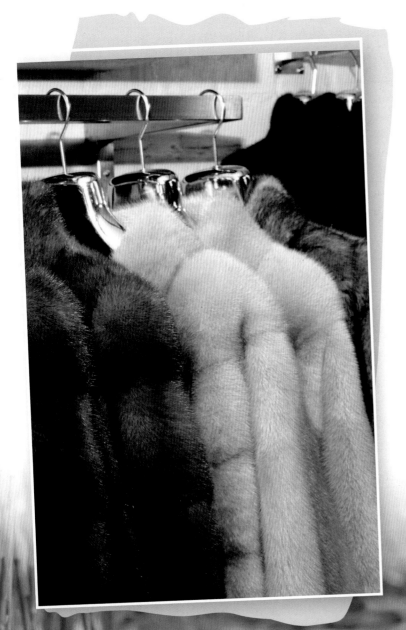

▲ 用动物毛皮制成的大衣价格极高，这是个颇受争议的伦理问题。

出售毛皮和鳞片

许多个世纪以来，人们为了获得水貂、河狸和水獭的毛皮而猎杀它们。水貂皮是当今世界上最昂贵、最受追捧的皮草。尽管今天有许多人试图拯救这些动物，但水貂依然在被偷猎者捕杀。多年来河狸皮的帽子被认为是高级时装的终极象征，致使河狸在北美几乎销声匿迹。幸运的是，目前时尚潮流已经发生了变化，河狸这个种群正在缓慢复苏。但水獭并未获得同等的保护，人们依旧为了获取皮毛而捕杀它们。仅在美国，每年就有数千只水獭被杀。在亚洲，水巨蜥被大规模猎杀，每年有数百张水巨蜥皮从印度尼西亚出口到美国和欧洲，用于制作时尚产品。

▲ 有些人认为鳄鱼皮鞋漂亮时尚。

面临威胁的栖息地

独一无二的鸭嘴兽也受到严重威胁。它是一种受保护的动物，但非法捕捞会夺走鸭嘴兽赖以生存的食物。动物居住的河岸地区也正在转变为住宅区，为了灌溉农场，河流也被改道。鸭嘴兽的许多原生栖息地都被认为受到了威胁。

鳄鱼之死

人们为了获取鳄鱼皮而大量捕杀它们，尽管在世界许多地方，鳄鱼养殖已经降低了野生鳄鱼受到的威胁。除了这些直接威胁之外，为了灌溉的需要，许多河流现在都被改道，这使下游河岸动物失去了它们的栖息地。还有一种鳄鱼不能在含盐量高的水中存活，当上游没有足够的淡水流下来的时候，这种鳄鱼的生存就受到了威胁。像河马这样的大型河岸动物也被猎杀，数量正在逐渐减少。河马洗劫农作物会造成很大的破坏，因此农民与它们的关系并不融洽。

▼ 自然栖息地的丧失导致一些河岸动物数量下降。